中国电子教育学会高教分会推荐

普通高等教育电子信息类"十三五"课改规划教材

微型计算机原理实验教程

主编 魏 彬

西安电子科技大学出版社

内 容 简 介

本书是编者根据教学改革经验，配合"微型计算机原理"课的教学编写而成的，对学生了解、掌握教材内容，提高学生应用技术能力有很大帮助。全书共分为六个主要部分，包括：实验环境及上机步骤、基础性实验、综合性实验、设计性实验、拓展性实验及补充练习。本书依据循序渐进的原则，内容由浅入深，在基础性实验部分主要安排了对指令进行熟悉的一些实验，例如数据传送指令、算术及逻辑运算指令实验，多字节加法实验，查找最大数(或最小数)实验等，通过这些实验可使学生对课堂所学指令有进一步的、更加深刻的认识。而在后续的综合性、设计性和拓展性实验部分则更加注重学生所学知识在实际中的应用以及软、硬件的有机结合使用，即在设计过程中同时对软件及硬件进行设计，最终达到工程实际应用的目的。

本书由浅入深地设计实验内容，可作为高等院校、高职院校的计算机、电子、通信等信息类专业实践环节的微型计算机原理实验教材。

图书在版编目(CIP)数据

微型计算机原理实验教程 / 魏彬主编. —西安：西安电子科技大学出版社，2017.6

普通高等教育电子信息类"十三五"课改规划教材

ISBN 978 − 7 − 5606 − 4505 − 6

Ⅰ.① 微… Ⅱ.① 魏… Ⅲ.① 微型计算机—教材 Ⅳ.① TP36

中国版本图书馆 CIP 数据核字(2017)第 074222 号

策　　划	刘玉芳　毛红兵		
责任编辑	韩伟娜　雷鸿俊		
出版发行	西安电子科技大学出版社(西安市太白南路2号)		
电　　话	(029)88242885　88201467	邮　编	710071
网　　址	www.xduph.com	电子邮箱	xdupfxb001@163.com
经　　销	新华书店		
印刷单位	陕西利达印务有限责任公司		
版　　次	2017年6月第1版　2017年6月第1次印刷		
开　　本	787毫米×1092毫米　1/16　印张 5.25		
字　　数	115千字		
印　　数	1～3000册		
定　　价	10.00元		

ISBN 978 − 7 − 5606 −4505 − 6 / TP

XDUP　4797001-1

*** 如有印装问题可调换 ***

中国电子教育学会高教分会
教材建设指导委员会名单

主　任　李建东　西安电子科技大学副校长

副主任　裘松良　浙江理工大学校长

　　　　　韩　焱　中北大学副校长

　　　　　颜晓红　南京邮电大学副校长

　　　　　胡　华　杭州电子科技大学副校长

　　　　　欧阳缮　桂林电子科技大学副校长

　　　　　柯亨玉　武汉大学电子信息学院院长

　　　　　胡方明　西安电子科技大学出版社社长

委　员（按姓氏笔画排列）

　　　　　于凤芹　江南大学物联网工程学院系主任

　　　　　王　泉　西安电子科技大学计算机学院院长

　　　　　朱智林　山东工商学院信息与电子工程学院院长

　　　　　何苏勤　北京化工大学信息科学与技术学院副院长

　　　　　宋　鹏　北方工业大学信息工程学院电子工程系主任

　　　　　陈鹤鸣　南京邮电大学贝尔英才学院院长

　　　　　尚　宇　西安工业大学电子信息工程学院副院长

　　　　　金炜东　西南交通大学电气工程学院系主任

　　　　　罗新民　西安交通大学电子信息与工程学院副院长

　　　　　段哲民　西北工业大学电子信息学院副院长

　　　　　郭　庆　桂林电子科技大学教务处处长

	郭宝龙	西安电子科技大学教务处处长
	徐江荣	杭州电子科技大学教务处处长
	蒋　宁	电子科技大学教务处处长
	蒋乐天	上海交通大学电子工程系
	曾孝平	重庆大学通信工程学院院长
	樊相宇	西安邮电大学教务处处长
秘书长	吕抗美	中国电子教育学会高教分会秘书长
	毛红兵	西安电子科技大学出版社社长助理

前　言

　　掌握计算机系统基本工作原理和计算机硬软件系统相互作用关系是对高等院校计算机相关专业学生的核心要求，本书试图通过实验手段，从动手实践的角度，培养学生设计和实现硬软件基本完整的计算机系统的能力。

　　本书主要内容包括汇编语言基础、汇编语言调试过程、汇编语言设计实验和输入/输出与接口实验等，目的是使读者获得计算机硬件技术方面的基础知识、基本思想、学习方法和应用技能，培养读者熟悉利用硬件与软件相结合的方法和工具，分析解决本专业及相关专业领域问题的思维方法和实践能力。书中所有实验都相互独立，没有先后的固定顺序，读者可根据实际需要进行选择，实验分基础类、综合类和拓展类等部分，可满足各层面学生的学习要求。

　　在本书的编写过程中，编者得到了张敏情、杨晓元、潘晓中教授的悉心指导，在此，对以上老师表示衷心的感谢。感谢研究生项文、刘明烨在校稿过程中付出的辛苦劳动。同时，感谢各届学生对本书内容所提出的宝贵的反馈意见。本书可作为高等学校计算机相关专业硬件课程的实验教材及参考书。

　　限于编者水平有限，书中可能还存在一些疏漏之处，恳请读者批评指正。

编　者

2017 年 1 月

目　录

第一部分　实验环境及上机步骤 1

第二部分　基础性实验 7
　实验一　数据传送指令、算术及逻辑运算指令实验 8
　实验二　移位、串操作及程序控制指令 11
　实验三　多字节加法实验 14
　实验四　查找最大数(或最小数)实验 16
　实验五　查找相同数个数实验 18

第三部分　综合性实验 21
　实验一　顺序程序实验 22
　实验二　循环程序实验——多字节加法 24
　实验三　双重循环程序实验——排序 28
　实验四　分支程序实验——统计正、负数据个数 30
　实验五　冒泡算法 33
　实验六　DOS 功能的调用 36

第四部分　设计性实验 39
　实验一　交通灯控制实验 40
　实验二　I/O 接口综合应用 42
　实验三　中断的应用 44

第五部分　拓展性实验 49
　实验一　8255 应用——打印机 50
　实验二　8255 应用——A/D 转换 53
　实验三　8255 综合应用 56
　实验四　8253 应用——定时器设计 58
　实验五　8253 应用——安全检测和报警控制系统 60

第六部分　补充练习 63

附录　DEBUG 调试程序的应用 65

第一部分 实验环境及上机步骤

一、实验环境

汇编语言程序设计的实验环境如下:

1. 硬件环境

微型计算机(Intel x86 系列 CPU)一台。

2. 软件环境

(1) Windows 98/2000/XP 操作系统。
(2) 任意一种文本编辑器(EDIT、NOTEPAD 等)。
(3) 汇编程序(MASM.EXE)。
(4) 链接程序(LINK.EXE)。
(5) 调试程序(DEBUG.EXE)。

二、上机实验步骤

以下列出了汇编语言程序设计实验的一般步骤,这些步骤适用于除汇编语言程序设计的实验一至实验四外的所有实验(实验一至实验四仅使用 DEBUG.EXE)。

1. 确定源程序的存放目录

建议源程序存放的目录名为 ASM(或 MASM),也可以是方便自己记忆的目录名称,但最好是全英文字母(因为 DOS 环境下不支持中文字符显示),并放在 C 盘或 D 盘的根目录下。如果没有创建过此目录,可使用如下方法创建:

假设将该目录放在 C 盘的根目录下,则可通过 Windows 的资源管理器找到 C 盘的根目录,在 C 盘的根目录窗口中点击右键,在弹出的菜单中选择"新建"→"文件夹",并把新建的文件夹命名为 ASM。

把 MASM.EXE、LINK.EXE 拷贝到此目录中。

2. 建立 ASM 源程序

建立 ASM 源程序可以使用 EDIT 或 NOTEPAD(记事本)文本编辑器。下面介绍用 EDIT 文本编辑器来建立 ASM 源程序的步骤(假定要建立的源程序名为 HELLO.ASM),用 NOTEPAD 建立 ASM 源程序的步骤与此类似。

在 Windows XP 中点击桌面左下角的"开始"按钮→选择"运行"→在弹出的窗口

中输入"EDIT.COM　　C:\ASM\HELLO.ASM",屏幕上出现 EDIT 的编辑窗口,如图 1.1 所示。

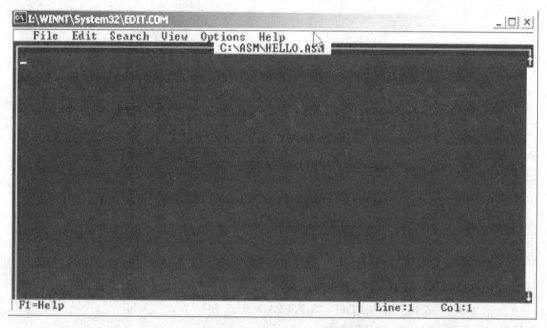

图 1.1　文本编辑器 EDIT 的编辑窗口

　　窗口标题行显示了 EDIT 程序的完整路径名。紧接着标题行下面的是菜单行,窗口最下面一行是提示行。菜单可以用 Alt 键激活,然后用方向键选择菜单项,也可以直接用 Alt+F 组合键打开 File 文件菜单,用 Alt+E 打开 Edit 编辑菜单,等等。

　　如果键入 EDIT 命令时已带上了源程序文件名(C:\ASM\HELLO.ASM),在编辑窗口上部就会显示该文件名。如果在键入 EDIT 命令时未给出源程序文件名,则编辑窗口上会显示"UNTITLED1",表示文件还没有命名,在这种情况下保存源程序文件时,EDIT 会提示输入要保存的源程序的文件名。

　　编辑窗口用于输入源程序。EDIT 是一个全屏幕编辑程序,故可以使用方向键把光标定位到编辑窗口中的任何一个位置上。EDIT 中的编辑键和功能键符合 Windows 的标准,这里不再赘述。

　　源程序输入完毕后,用 Alt+F 打开 File 菜单,用其中的 Save 功能将文件存盘。如果在键入 EDIT 命令时未给出源程序文件名,则会弹出一个"Save as"窗口,在这个窗口中输入想要保存的源程序的路径和文件名(本例中为 C:\ASM\HELLO.ASM)。

　　📖 **注意**:汇编语言源程序文件的扩展名最好起名为 ***.ASM(或 ***.asm,即大小写均可),这样能给后面的汇编和链接操作带来很大的方便。

3. 用 MASM.EXE 汇编源程序产生 OBJ 目标文件

　　源文件 HELLO.ASM 建立后,要使用汇编程序对源程序文件汇编,汇编后产生机器能够识别的二进制目标代码文件(.OBJ 文件)。具体操作如下:

方法一：在 Windows 中操作。

用资源管理器打开源程序目录 C:\ASM，把 HELLO.ASM 拖到 MASM.EXE 程序图标上。

方法二：在 DOS 命令提示符窗口中操作。

选择"开始"→"程序"→"附件"→"命令提示符"，打开 DOS 命令提示符窗口，然后用 CD 命令转到源程序目录下，输入 MASM 命令：

  I:>C:<回车>

  C:>CD ASM<回车>

  C:\ASM>MASM HELLO.ASM<回车>

操作时的屏幕显示如图 1.2 所示。

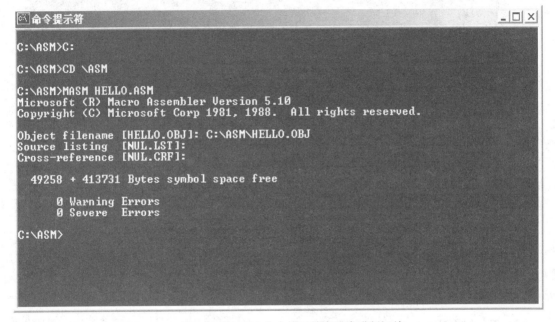

图 1.2　在 DOS 命令提示符窗口中进行汇编

不管用以上两个方法中的哪个方法，进入 MASM 程序后，都会提示输入目标文件名(Object filename)，并在方括号中显示默认的目标文件名，建议输入目标文件的完整路径名，如 C:\ASM\HELLO.OBJ〈回车〉。后面的两个提示为可选项，直接按回车键便可。注意，若打开 MASM 程序时未给出源程序名，则 MASM 程序会首先提示让用户输入源程序文件名(Source filename)，此时输入源程序文件名 HELLO.ASM 并回车，然后进行的操作与上面完全相同。

如果源文件没有错误，MASM 就会在当前目录下生成一个 HELLO.OBJ 文件(名字与源文件名相同，只是扩展名不同)。如果源文件有错误，MASM 会指出错误的行号和错误的原因。图 1.3 是在汇编过程中检查出两个错误的例子。在这个例子中，可以看到源程序的错误类型有两类：

(1) 警告错误(Warning Errors)。警告错误不影响程序的运行，但可能会得出错误的结果。此例中无警告错误。

(2) 严重错误(Severe Errors)。对于严重错误，MASM 将无法生成 .OBJ 文件。此例中有两个严重错误。

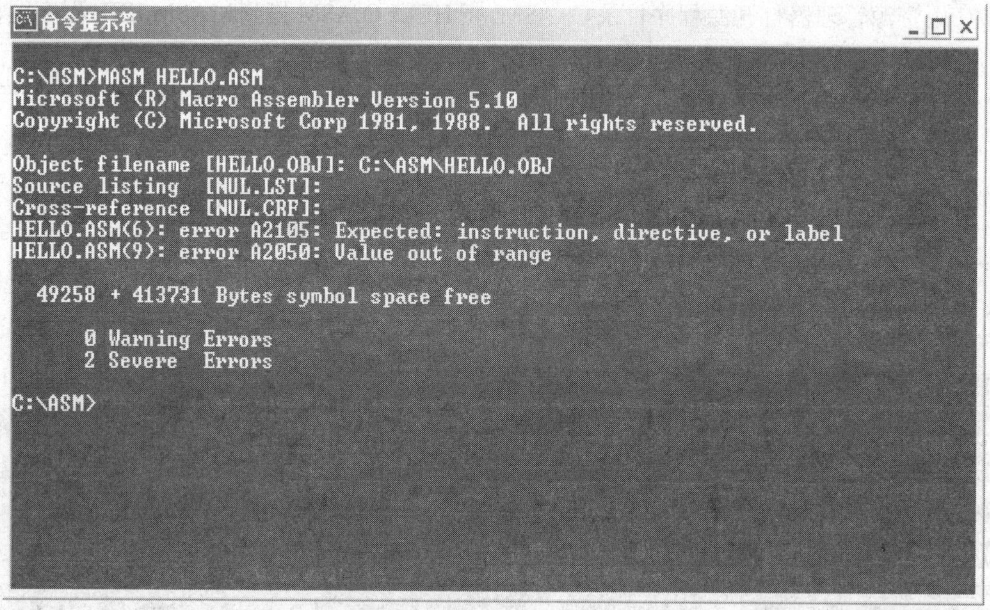

图 1.3 有错误的汇编过程例子

在错误信息中，圆括号里的数字为代码有错误的行号(在此例中，两个错误分别出现在第 6 行和第 9 行)，后面给出了错误类型及具体错误原因。如果出现了严重错误，必须重新进入 EDIT 编辑器，根据错误的行号和错误原因来改正源程序中的错误，直到汇编没有错为止。

> 注意：MASM 只能指出程序的语法错误，而无法指出程序的逻辑错误。

4. 用 LINK.EXE 产生 EXE 可执行文件

在上一步骤中，汇编程序产生的是二进制目标文件(.OBJ 文件)，并不是可执行文件，要想使编写的程序能够运行，还必须用链接程序(LINK.EXE)把 .OBJ 文件转换为可执行的 .EXE 文件。(所谓链接是用链接程序 LINK.EXE 把若干个经汇编后产生的 .OBJ 文件链接起来，生成可执行文件，扩展名为 .EXE。)具体操作如下：

方法一：在 Windows 中操作。

用资源管理器打开源程序目录 C:\ASM，把 HELLO.OBJ 拖到 LINK.EXE 程序图标上。

方法二：在 DOS 命令提示符窗口中操作。

选择"开始"→"程序"→"附件"→"命令提示符"，打开 DOS 命令提示符窗口，然后用 CD 命令转到源程序目录下，接着输入 LINK 命令：

  I:>C:<回车>

  C:>CD \ASM<回车>

  C:\ASM>LINK HELLO.OBJ<回车>

操作时的屏幕显示如图 1.4 所示。

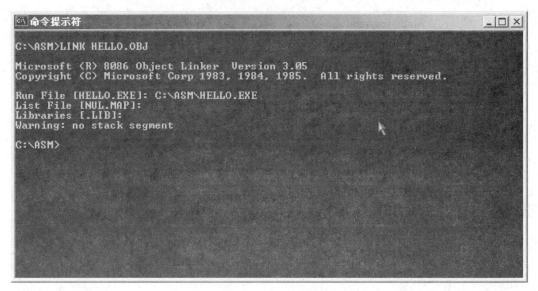

图 1.4 把 .OBJ 文件链接成可执行文件

不管用以上两个方法中的哪个方法，进入 LINK 程序后，都会提示输入可执行文件名 (Run File)，并在方括号中显示默认的可执行文件名，建议输入可执行文件的完整路径名，如：C:\ASM\HELLO.EXE〈回车〉。后面的两个提示为可选项，直接按回车。注意，若打开 LINK 程序时未给出 .OBJ 文件名，则 LINK 程序会首先提示让你输入 .OBJ 文件名(Object Modules)，此时输入 .OBJ 文件名 HELLO.OBJ 并回车，然后进行的操作与上面完全相同。

如果没有错误，LINK 就会生成一个 HELLO.EXE 文件。如果 .OBJ 文件有错误，LINK 会指出错误的原因。对于无堆栈警告(Warning：NO STACK segment)信息，可以不予理睬，它不影响程序的执行。如链接时有其他错误需检查修改源程序，重新汇编、链接，直到正确。

5. 执行程序

生成了 HELLO.EXE 文件后，就可以在 DOS 下直接键入文件名运行此程序，如下所示：
  C:>HELLO〈回车〉
  C:>HELLO!

程序运行结束后，显示"HELLO!"，返回 DOS。如果运行结果正确，那么程序运行结束时结果会直接显示在屏幕上。有些程序不显示结果，所以我们不知道程序执行的结果是否正确。这时，我们就要使用 DEBUG.EXE 调试工具来查看运行结果。大部分程序必须经过调试阶段才能纠正程序执行中的错误，调试程序时要使用 DEBUG.EXE。

 有关如何使用 DEBUG.EXE 程序的简要说明请参阅附录。

6. "HELLO!" 程序清单

    data segment
    s1 db 'HELLO! ', '$'
    data ends

```
stack segment
    db 64 dup(?)
stack ends
    code   segment
assume cs:code, ds:data, ss:stack
start:  mov ax, data
        mov ds, ax
        mov ah, 09h
        mov dx, offset s1
        int 21h
        mov ah, 4ch
        int 21h
code   ends
end start
```

第二部分 基础性实验

实验一　数据传送指令、算术及逻辑运算指令实验

一、实验目的

1. 了解数据在内存、寄存器中的存储方式，复习 8086 的寻址方式。
2. 了解标志寄存器各标志位的意义和指令执行对它的影响。
3. 熟悉 8086 指令系统中的数据传送类指令、算术及逻辑运算指令的功能。
4. 利用 DEBUG.EXE 调试工具来调试汇编语言程序。

二、实验预习要求

1. 复习指令系统中的寻址方式、数据传送类指令。
2. 按照题目要求在实验前编写好实验中的程序段。
3. 预习 DEBUG 的使用方法：
(1) 如何启动 DEBUG.EXE；
(2) 如何在各窗口之间切换；
(3) 如何查看或修改寄存器、状态标志和存储单元的内容；
(4) 如何输入程序段；
(5) 如何单步运行程序段和用设置断点的方法运行程序段。

三、实验内容

1. 使用 DEBUG 命令或用 MOV 指令编写程序段，设置各寄存器及存储单元的内容如下：

(BX)=0010H，(SI)=0001H，(DS)=1000H
(10010H)=12H，(10011H)=34H，
(10012H)=56H，(10013H)=78H
(10120H)=0ABH，(10121H)=0CDH，
(10122H)=0EFH

请说明下列各条指令(均为独立指令)中源操作数的寻址方式、物理地址以及执行完指令后 AX 寄存器中的内容，并上机验证，最后将结果填入表 2-1-1 中。

表 2-1-1

指　　令	寻址方式	物理地址	AX 的内容
MOV　AX，1200H			
MOV　AX，BX			
MOV　AX，[0120H]			
MOV　AX，[BX]			
MOV　AX，0110H[BX]			
MOV　AX，[BX][SI]			
MOV　AX，0110H[BX][SI]			

2. 实验程序段及结果表格见表 2-1-2，填入指令执行后的结果。

表 2-1-2

程序段	AX 的内容	CF	SF	ZF	OF
MOV　AX，0					
DEC　AX					
ADD　AX，7FFFH					
ADD　AX，2					
NOT　AX					
SUB　AX，0FFFEH					
ADD　AX，8000H					
SUB　AX，1					
AND　AX，58D1H					
SAL　AX，1					
SAR　AX，1					
NEG　AX，					
ROR　AX，1					

3. 根据每小题的要求，选择合适的指令编写相应的指令序列：

(1) 把存储单元[912AH]的偏移地址送入 BX 寄存器中。

(2) 将存储单元[1480H]中的一个字节数据传送到[2290H]单元。

(3) 使 BX 寄存器的高 4 位清 0，其余位保持不变。

(4) 对某存储单元采用 BX 和 DI 基址变址寻址方式，并把该存储单元的一个字节与 DL 相加，结果保存在 DL 中。

(5) 使 AL 寄存器的高 4 位不变，低 4 位取反。

4. 用 BX 寄存器作为地址指针，从 BX 所指的内存单元(0010H)开始连续存入三个无符号数(10H、0EAH、30H)，接着计算内存单元中的这三个数之和，结果放在 0013H，0014H 单元中，再计算前两个数之积除以第三个数，结果放入 0015H 开始的单元中。写出完成此功能的程序段并上机验证结果。

四、实验报告要求

1. 整理出完整的实验程序段和运行结果。
2. 简要说明加、减运算指令，逻辑运算指令对标志位的影响。
3. 简要说明多字节数以及多个数(无符号数)进行加减运算时对于产生的进(借)位是如何处理的。
4. 小结 DEBUG 的使用方法。

实验二 移位、串操作及程序控制指令

一、实验目的

1. 熟悉移位、串操作及各程序控制指令的功能。
2. 了解移位、串操作及各程序控制指令的使用方法。
3. 掌握存储区大块数据的传递等方法以及控制程序的指令。

二、实验预习要求

1. 复习 8086 指令系统中的移位、串操作及各程序控制指令。
2. 按照题目要求在实验前编写好实验中的程序段。

三、实验内容

1. 将内存中 DS:1000H 开始的一个 32 位数乘以 2，结果仍放回原处。要求使用移位指令完成。若将该数乘以 4，该如何完成？

2. 输入以下程序段并运行，回答后面的问题。

     CLD
     MOV   AX, DS
     MOV   ES, AX
     MOV   DI, 1000H
     MOV   AX, 55AAH
     MOV   CX, 10H
     REP   STOSW

上述程序段执行后，请问：
(1) 从 DS:1000H 开始的 16 个字单元的内容是什么？
(2) (DI) = ? (CX) = ? 并解释其原因。

3. 在上题的基础上，再输入以下程序段并运行，回答后面的问题。

     MOV   SI, 1000H
     MOV   DI, 2000H
     MOV   CX, 20H
     REP   MOVSB

程序段执行后，请问：
(1) 从 DS:2000H 开始的 16 个字单元的内容是什么？

(2) (SI)=？(DI)=？(CX)=？ 并分析。

4. 在以上两题的基础上，再输入以下三个程序段并依次运行。

程序段 1：
    MOV   SI, 1000H
    MOV   DI, 2000H
    MOV   CX, 10H
    REPZ CMPSW

程序段 1 执行后，请问：
(1) ZF=？ 根据 ZF 的状态，你认为两个串是否比较完了？
(2) (SI)=？(DI)=？(CX)=？ 并分析。

程序段 2：
    MOV   [2008H], 4455H
    MOV   SI, 1000H
    MOV   DI, 2000H
    MOV   CX, 10H
    REPZ CMPSW

程序段 2 执行后，请问：
(1) ZF=？ 根据 ZF 的状态，判断两个串是否比较完了？
(2) (SI)=？(DI)=？(CX)=？ 并分析。

程序段 3：
    MOV   AX, 4455H
    MOV   DI, 2000H
    MOV   CX, 10H
    REPNZ SCASW

程序段 3 执行后，请问：
(1) ZF=？ 根据 ZF 的状态，你认为在串中是否找到了数据 4455H？
(2) (SI)=？(DI)=？(CX)=？ 并分析。

5. 执行完下列程序段后，回答问题：
       MOV   AX, 1
       MOV   BX, 3
       MOV   CX, 31H
 XY: ADD   AX, BX
       ADD   BX, 2
       LOOP XY

(1) 该程序的功能是什么？
(2) 程序执行完后，(AX)=？ 2500(BX)=？

6. 编程将内存 DS:0000H 开始的 80H(128)个字节的内容传送到 DS:1020H 地址开始的内存单元；完成后注意检查传送的结果是否正确。若检查无误后，再编写一段程序，将 DS:1020H 开始的 80H 个字节的内容重新放回到 DS:1000H 开始的内存单元。

四、实验报告要求

1. 整理出完整的实验程序段和运行结果,并对结果进行分析。
2. 简要说明执行串操作指令之前应初始化哪些寄存器和标志位。
3. 总结移位、串操作指令以及程序控制指令的用途及使用方法。

实验三 多字节加法实验

一、实验目的

学习加法指令的使用方法，编写相应的循环程序，并熟悉在 PC 上编辑、汇编、链接、调试和运行汇编语言程序的过程。

二、实验内容

设在数据段有两个变量 BUF1 和 BUF2，各存放了一个 4 字节的压缩 BCD 数，将这两个数相加，结果存放在变量 SUM 处。

三、实验流程图

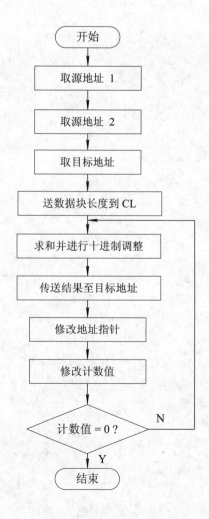

四、参考程序

```
                DATA SEGMENT
                BUF1 DB 00H, 11H, 22H, 33H
                BUF2 DB 44H, 55H, 66H, 77H
                SUM  DB 5 DUP(?)
                DATA ENDS
                CODE SEGMENT
    ASSUME CS: CODE, DS : DATA
    START:      MOV AX, DATA
                MOV DS, AX
                MOV CX, 4
                MOV SI, 0
                CLC
    XUN:        MOV AL, BUF1[SI]
                ADC AL, BUF2[SI]
                DAA                    ;BCD 数加法调整指令
                MOV SUM[SI], AL
                INC SI
                DEC CX
                JNZ XUN
                MOV AH, 4CH
                INT 21H
                CODE ENDS
                END  START
```

五、深度思考

若将题目中的 BCD 数换成 ASCII 码形式表示的十进制数 3210 和 7654，那么程序会有哪些变化？

实验四 查找最大数(或最小数)实验

一、实验目的

编写在字节类型的无符号数据中找出最大数(或最小数)的程序，熟悉单循环结构程序的设计方法，注意循环的初始值设定和退出循环的条件。

二、实验内容

设内存数据段中从 BUF 单元开始存放有 15 个字节类型的无符号数，试编写程序找到其中的最大数，并将这个数存放在 AL 寄存器中。

三、实验流程图

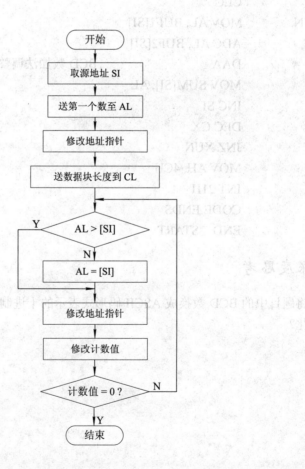

四、参考程序

DATA　　SEGMENT

```
            BUF    DB 4FH, 23H, 68H, 81H, 9CH, ABH, FFH, 5DH, 24H, 91H, 85H
                   DB 5EH, 90H, B6H, 12H
            CN     EQU $-BUF
            DATA   ENDS
            CODE   SEGMENT
ASSUME CS: CODE, DS: DATA
START:      MOV AX, DATA
            MOV DS, AX
            LEA SI, BUF
            MOV   CX, CN
            DEC   CX
            MOV AL, [SI]
            INC SI
LP:         CMP AL, [SI]
            JAE   NEXT
            MOV   AL, [SI]
NEXT:       INC BX
            LOOP   LP
            MOV AH, 4CH
            INT 21H
            CODE ENDS
            END START
```

五、深度思考

1. 若要找的是最小数,那么需要改变什么指令?
2. 若要同时找出最大和最小数,程序需要做什么变化?
3. 若是有符号数,需要改变什么指令?

实验五 查找相同数个数实验

一、实验目的

熟悉汇编语言编程，掌握串操作指令的使用方法，注意串操作指令的地址和循环次数及退出串操作的条件。

二、实验内容

设内存数据段中从 BUF 单元开始存放有字符串，试编程序查找其中小写字母 a 的个数，并将结果存放在内存 RESULT 单元中。

三、实验流程图

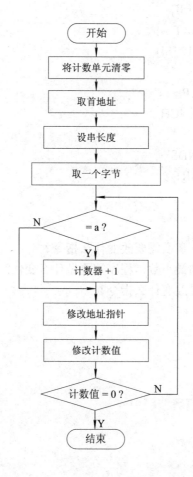

四、参考程序

DATA   SEGMENT

```
            BUF     DB    'cdntfopafakdakrmalopaiuayataaanbnammjuaaauuwermapaa', '$'
            CN      EQU $-BUF
            RESULT  DB ?
            DATA    ENDS
            CODE    SEGMENT
ASSUME CS: CODE, DS: DATA
START:      MOV AX, DATA
            MOV DS, AX
            MOV  ES, AX
            XOR  CX, CX
            MOV  CX, CN     ; 置循环次数，CX＝数组元素个数
            LEA  DI, BUF
            LEA BX, RESULT
            MOV  AL, 'a'
            CLD
LOP:        SCASB
            JZ LOP1
LOP2:       LOOP LOP
            JMP  NEXT
LOP1:       INC BYTE PTR[BX]
            JMP LOP2
NEXT:       MOV AH, 4CH
            INT 21H
            CODE ENDS
            END START
```

五、深度思考

若同时要找大写 A 和小写 a，那么程序需要做什么改变?

第三部分 综合性实验

实验一　顺序程序实验

一、实验目的

熟悉顺序结构程序的格式和编写方法。

二、实验内容

1. 编写计算表达式 Z=(W-(A*B+C-200))/A 的程序。设 W、A、B、C、Z 均为 16 位带符号数，将最终的结果存入数据段 Z 单元开始的存储区域。
2. 掌握乘除法运算指令的用法。

三、实验流程图

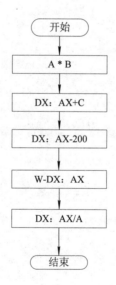

四、参考程序

```
DATA SEGMENT
    W  DW  80      ;给 W 赋初值为 80
    A  DW  35
    B  DW  -12
    C  DW  220
    Z  DW  2 DUP(?)   ;给 Z 预留
DATA ENDS
```

```
        CODE    SEGMENT
        ASSUME   CS: CODE, DS: DATA
START:  MOV   AX, DATA
        MOV   DS, AX
        MOV AX, A
        IMUL   B          ;计算 A*B
        MOV CX, AX
        MOV BX, DX        ;乘积转存到 CX 和 BX
        MOV   CX, C
        CWD
        ADD CX, AX
        ADC BX, DX        ;与 C 相加，CX 是低位对应相加的结果，BX 是高位
        SUB CX, 200
        SBB BX, 0         ;结果减去 200
        MOV   AX, W
        CWD
        SUB AX, CX
        SBB DX, BX
        IDIV   A
        MOV   Z, AX
        MOV   Z+2, DX
        MOV   AH, 4CH
        INT   21H
        CODE ENDS
        END START
```

实验二 循环程序实验——多字节加法

一、实验目的

学习子程序的定义和编程方法，了解模块化程序设计思想。

二、实验内容

设在数据段有两个变量 BUF1 和 BUF2，各存放一个 4 字节的 ASCII 码形式表示的十进制数 3210 和 7654，试编写程序实现如下功能：

(1) 这两个数相加，结果存放在变量 BUF1 处。
(2) 使用 DOS 功能调用在屏幕上显示加数、被加数、和。
其中数据段的定义如下：

```
DATA SEGMENT
BUF1    DB 30H, 31H, 32H, 33H
BUF2    DB 34H, 35H, 36H, 37H
DATA ENDS
```

三、实验流程图

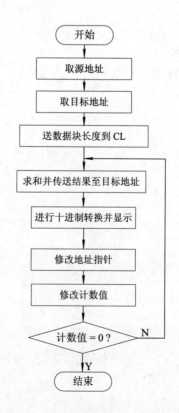

四、参考程序

```
                SHOW   MACRO  B
                MOV  DL, B
                MOV AH, 02H
                INT 21H
                ENDM
                DATA SEGMENT
                BUF1   DB 30H, 31H, 32H, 33H
                BUF2   DB 34H, 35H, 36H, 37H
                SUM    DB 5 DUP(?)
                DATA ENDS
                STACK SEGMENT STACK
                STA DB 20 DUP(?)
                TOP EQU LENGTH STA
                STACK ENDS
                CODE SEGMENT
ASSUME CS: CODE, DS: DATA, SS: STACK
START:          MOV AX, DATA
                MOV DS, AX
                MOV AX, STACK
                MOV SS, AX
                MOV   AX, TOP
                MOV SP, AX
                MOV SI, OFFSET BUF2      ;显示加数
                MOV BX, 4
                SHOW 20H                 ;宏调用，显示空格(ASCII 码为 20H)
                CALL DISPL               ;调显示子程序
                SHOW 0DH                 ;宏调用，回车
                SHOW 0AH                 ;宏调用，换行
                MOV SI, OFFSET BUF1      ;显示被加数
                MOV BX, 4
                SHOW 2BH                 ;宏调用，显示"+"(ASCII 码为 2BH)
                CALL DISPL               ;调显示子程序
                SHOW 0DH                 ;宏调用，回车
                SHOW 0AH                 ;宏调用，换行
                MOV   CL, 7              ;CL=7，显示 7 个"-"，构成直线
S1:             SHOW 2DH                 ;宏调用，显示"-"(ASCII 码为 2DH)
```

```
              LOOP S1
              SHOW 0DH                    ;宏调用，回车
              SHOW 0AH                    ;宏调用，换行
              LEA SI, BUF1
              LEA DI, BUF2
              CALL   ADDA                 ;调用加法程序
              MOV SI, OFFSET BUF1
              SHOW 20H
              MOV BX, 4
              CALL DISPL
              MOV AH, 4CH
              INT 21H
              DISPL PROC NEAR             ;显示子程序
DS1:          SHOW [SI+BX-1]              ;宏调用，倒序显示数据
              DEC BX
              JNZ DS1
              RET
              DISPL ENDP
              ADDA   PROC NEAR            ;加法子程序
              MOV   DX, SI
              MOV   BP, DI
              MOV BX, 4
AD1:          SUB   BYTE PTR [SI+BX-1], 30H   ;将 ASCII 码转换为十六进制数
                                              ;并存入 BUF1
              SUB   BYTE PTR [DI+BX-1], 30H   ;将 ASCII 码转换为十六进制数
                                              ;并存入 BUF1
              DEC   BX
              JNZ   AD1
              MOV   SI, DX
              MOV   DI, BP
              MOV CX, 4
              CLC
AD2:          MOV   AL, [SI]
              MOV   BL, [DI]
              ADC AL, BL
              AAA                         ;十进制调整
              MOV   [SI], AL
              INC   SI
              INC   DI
```

```
                LOOP AD2
                MOV    SI, DX
                MOV    DI, BP
                MOV BX, 4
AD3:            ADD BYTE PTR[SI+BX-1], 30H        ;将十六进制数转换为 ASCII 码
                DEC    BX
                JNZ    AD3
                RET
         ADDA   ENDP
         CODE   ENDS
         END START
```

实验三 双重循环程序实验——排序

一、实验目的

掌握双重循环结构程序设计的编程技巧。

二、实验内容

设内存数据段中从 BUF 单元开始存放有 15 个字节类型的无符号数，试编写程序将所有数据按从小到大的顺序排列出来，排序后的结果仍放回原存储位置。

编程思路：

本程序可采用冒泡法来设计，其基本思路是：从地址 BUF 开始的内存区中有 N 个元素组成的字节数组，将第一个存储单元中的数据与其后 N−1 个数据逐一进行比较，如果数据的排列次序符合要求可不做任何操作，否则两数交换位置。这样经过第一轮的 N−1 次比较，N 个数据中的最小数放到了第一个存储单元中；第二轮处理时，将第二个存储单元的数据与其后 N−2 个数据逐一进行比较，每次比较后都把最小数放到第二个存储单元中，经过 N−2 次比较后，N 个数据中的第二小的数放到了第二个存储单元中；以此类推，当最后两个存储单元中的数据比较完毕后，就完成了 N 个数据从小到大的排序。

三、实验流程图

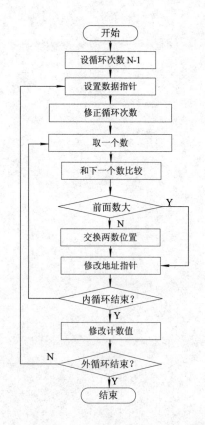

四、参考程序

```
                DATA    SEGMENT
                BUF  DB 4FH, 23H, 68H, 81H, 9CH, ABH, FFH, 5DH, 24H, 91H, 85H
                     DB 5EH, 90H, B6H, 12H
                CN   EQU $-BUF
                DATA    ENDS
                CODE    SEGMENT
        ASSUME CS: CODE, DS: DATA
START:          MOV AX, DATA
                MOV DS, AX
                MOV    CX, CN-1      ；外循环次数送计数器 CX
LP1:            MOV SI, 0            ；数组起始下标送 SI
                PUSH   CX            ；外循环计数次数入栈
LP2:            MOV AL, BUF[SI]
                CMP    AL, BUF[SI+1]
                JLE    NEXT
                XCHG AL, BUF[SI+1]
                MOV    BUF[SI], AL
NEXT:           INC SI               ；数组下标加 1，指向下一存储单元
                LOOP LP2             ；内循环次数减 1，不等于 0 继续比较
                POP    CX
                LOOP LP1             ；外循环次数减 1
                MOV AH，4CH
                INT 21H
                CODE    ENDS
                END START
```

五、深度思考

若要将排好序的数据串显示出来，程序需做什么调整？

实验四 分支程序实验——统计正、负数据个数

一、实验目的

1. 练习如何根据题目要求写出数据段的内容，熟悉条件转移指令的用法，掌握分支及循环结构程序的设计方法，注意循环的初始值设定和退出循环的条件。

2. 学习子程序和宏的定义以及编程方法，了解模块化程序设计思想。掌握"除 10 取余"法。

二、实验内容

设内存数据段中从 BUF 单元开始存放有多个字节类型的数据，试编写程序统计其中正数与负数的个数，并将结果存放在内存 PLUS 和 NEG 变量中，并显示个数。

三、实验流程图

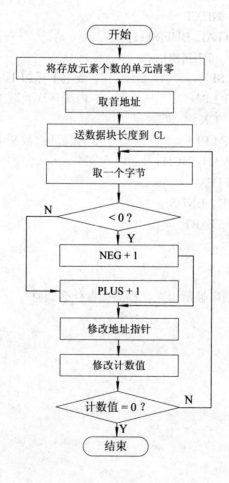

四、参考程序

```
                DATA    SEGMENT
                BUF    DB   4, 13, -9, 65, -87, 12, 34, -6, -90, -1, 3, 6, 9, -55,
                       DB -12, 7, 8, -8, -9, 23, 67, 10, -10, 11, 15, -28, -39, -47
                CN    EQU $-BUF
                PLUS    DW ?
                DEG    DW ?
                RESULT DB   'STATISTICS RESULT: ', 0DH, 0AH, '$'
                DATA    ENDS
                CODE    SEGMENT
ASSUME CS: CODE, DS: DATA
START:          MOV AX, DATA
                MOV DS, AX
                SHOW MACRO B        ;宏定义
                PUSH DX
                PUSH AX
                MOV   DX, B         ;B 为显示字符的 ASCII 码
                MOV   AH, 02H
                INT   21H
                POP AX
                POP DX
                ENDM
                XOR CX, CX
                MOV   CX, CN        ;置循环次数,CX=数组元素个数
                LEA SI, BUF
                MOV   CX, CN
LOP:            MOV AL, [SI]
                CMP AL, 0
                JG   ZHENG
                INC   NEG
                JMP NEXT
ZHENG:          INC  PLUS
NEXT:           INC   SI
                LOOP   LOP
                LEA DX, RESULT
                MOV   AH, 09H
                INT 21H
```

```
            SHOW    '+'           ;宏调用,显示'+'号
            MOV AX, PLUS
            CALL    DISPL         ;调显示子程序
            SHOW    0DH           ;宏调用,显示"回车"
            SHOW    0AH           ;宏调用,显示"换行"
            SHOW    '-'           ;宏调用,显示'-'号
            MOV AX, NEG
            CALL    DISPL         ;调显示子程序
            MOV AX, 4C00H
            INT 21H
            DISPL   PROC
            PUSH    DX
            PUSH    AX
            MOV     CX, 10
            MOV DX, 00H
            MOV     BX, 00H
            DIV CX
            MOV BX, DX
            ADD AL, 30H
DISPL1:     MOV DL, AL
            MOV AH, 02H
            INT 21H
            MOV DL, BL
            ADD DL, 30H
            MOV AH, 02H
            INT 21H
            POP AX
            POP DX
            RET
            DISPL   ENDP
            CODE    SEGMENT
            END START
```

实验五 冒泡算法

一、实验目的

根据题目要求练习使用循环及循环的嵌套。

二、实验内容

将若干数据两两比较，较大的数放上面，依次比较完后，最小的数放到了最后面，再将剩余的数按照同样的方法操作，直到最后两个数比较完后，排序完毕。

三、实验流程

需要双重循环来完成此项工作，内循环完成将若干个数进行两两比较，若前面(低地址)的数大于后面(高地址)的数，则往下进行，即再用后面的数(较小的数)与其再下一个数比较。若前面的数小于后面的数，则将两数位置交换，再往下进行，直到要比较的数全部比较完，此时最小的数放到了最后，第一次内循环结束。去掉最后一个最小的数，将剩余的数再做同样的操作，即开始第二次内循环，此次内循环比较次数比上一次减少一次。如此反复，直到最后一次内循环只做一次比较，至此排序完成。

四、参考程序

1.

```
        MOV DX, N-1
L1:     MOV CX, DX
        LEA SI, BUF
L2:     MOV AL, [SI]
        CMP AL, [SI+1]
        JAE L3
        XCHG AL, [SI+1]
        MOV [SI], AL
L3:     INC SI
        LOOP L2
        DEC DX
        JNZ L1
```

2. 将排序程序定义为子程序

```
        SORT   PROC
        PUSH CX
```

```
            PUSH DX
            PUSH SI
            PUSH AX
            MOV DX, N-1
    L1:     MOV CX, DX
            LEA SI, BUF
    L2:     MOV AL, [SI]
            CMP AL, [SI+1]
            JAE L3
            XCHG AL, [SI+1]
            MOV [SI], AL
    L3:     INC SI
            LOOP L2
            DEC DX
            JNZ L1
            POP AX
            POP SI
            POP DX
            POP CX
            RET
            SORT   ENDP
```

3. 排序程序源程序

```
            CODE    SEGMENT
ASSUME CS:  CODE, DS: CODE
            BUF    DB     20 DUP(?)
            N      EQU    $-BUF
START:      MOV AX, CS
            MOV  DS, AX
            MOV DX, N-1
L1:         MOV CX, DX
            LEA SI, BUF
L2:         MOV AL, [SI]
            CMP AL, [SI+1]
            JAE L3
            XCHG   AL, [SI+1]
            MOV [SI], AL
L3:         INC SI
            LOOP L2
            DEC DX
```

JNZ L1
MOV AH, 4CH
INT 21H
CODE   ENDS
END START

实验六　DOS 功能的调用

一、实验目的

系统功能调用是由 OS 提供的一组实现特殊功能的子程序，可供程序员在程序中调用，以减轻编程工作量。本节实验学习系统调用的基本方法。

二、实验内容

在当前数据段 400H 开始的 128 个单元中存放一组数据，试编程序将它们顺序搬移到 A00H 开始的顺序 128 个单元中，并将两个数据块逐个单元进行此较；若有错显示"NO MATCH！"，全部正确显示"MATCH！"。

三、实验原理

系统功能调用有两种，一种称为 DOS 功能调用，另一种称为 BIOS 功能调用。用户程序在调用这些系统服务程序时，不是用 CALL 命令，而是采用软中断指令 INT n 来实现。在 DOS 系统中，功能调用都是用软中断指令 INT 21H 来实现的。

DOS 系统功能调用的使用方法如下：
(1) AH←功能号；
(2) 设置该功能所要求的其他入口参数；
(3) 执行 INT 21H 指令；
(4) 分析出口参数。

四、参考程序

```
            DATA SEGMENT
            STR1   DB   'NO MATCH! ', '$'
            STR2   DB   'MATCH! ', '$'
            DATA ENDS
            CODE   SEGMENT
ASSUME CS: CODE, DS: DATA, ES:DATA
START:      MOV AX, DATA
            MOV   DS, AX
            MOV   ES, AX
            MOV CX, 80H
            MOV SI, 400H
            MOV DI, 0A00H
```

```
            CLD
            REP    MOVSB
            ；以上程序完成数据传递
            MOV CX, 81H
            MOV SI, 400H
            MOV DI, 0A00H
            CLD
            REPE    CMPSB
            JCXZ L1
            LEA DX, STR1
            JMP L2
L1:         LEA DX, STR2
L2:         MOV AH, 9
            INT 21H
            MOV AH, 4CH
            INT 21H
            CODE    ENDS
            END START
```

第四部分 设计性实验

实验一 交通灯控制实验

一、实验目的

通过对十字路口交通灯的模拟控制，进一步掌握并行接口芯片 8255 的编程方法。

二、实验内容

对 8255 芯片进行编程，使发光二极管按照十字路口交通灯的形式点亮或熄灭。

三、实验原理

使用 6 个发光二极管来模拟交通信号灯，将其分成两组，分别作为南北路口和东西路口的交通灯来进行实验。将 8255 的 C 口与发光二极管相连，通过端口 C 输出高或低电平来控制二极管的亮灭。

十字路口交通灯的变化规律为：

(1) 两个路口红灯全亮，绿灯、黄灯熄灭；(此为初始状态)
(2) 南北路口绿灯点亮，同时东西路口红灯点亮；(之后延迟一段时间)
(3) 南北路口黄灯闪烁若干次，同时东西路口红灯继续点亮；
(4) 南北路口红灯点亮，东西路口的绿灯同时点亮；(之后延迟一段时间)
(5) 南北路口的红灯继续点亮，同时东西路口的黄灯闪烁若干次；
(6) 转(2)重复。

四、实验流程图

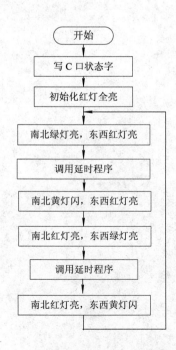

五、参考程序

```
            DATA    SEGMENT
            BUF   DB    4, 13, -9, 65, -87, 12, 34, -6, -90, -1, 3, 6, 9, -55,
                  DB -12, 7, 8, -8, -9, 23, 67, 10, -10, 11, 15, -28, -39, -47
            CN    EQU  $-BUF
            PLUS   DW ?
            DEG    DW ?
            RESULT DB  'STATISTICS RESULT:', 0DH, 0AH, ' $ '
            DATA    ENDS
            CODE    SEGMENT
ASSUME CS: CODE, DS: DATA
START:       MOV AX, DATA
             MOV DS, AX
```

实验二 I/O 接口综合应用

一、实验目的

通过实验对 I/O 接口有一定的了解，并能够对其进行编程应用。

二、实验内容

1. 根据开关状态在 7 段数码管上显示数字或符号。
2. 设输出接口的地址为 F0H。
3. 设输入接口的地址为 F1H。
4. 当开关的状态分别为 0000～1111 时，在 7 段数码管上对应显示 '0' ～ 'F'。

三、硬件连接

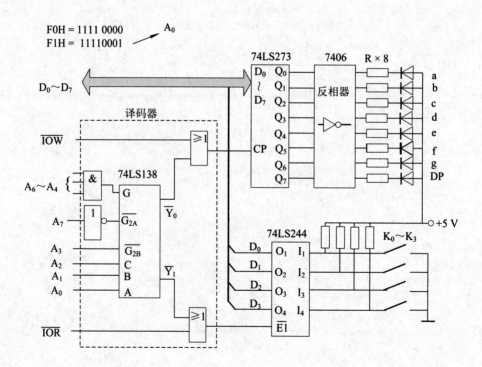

四、数码管对应表

符号	形状	7段码 .gfedcba	符号	形状	7段码 .gfedcba
'0'	◻	00111111	'8'	8	01111111
'1'	❘	00000110	'9'	9	01100111
'2'	2	01011011	'A'	A	01110111
'3'	3	01001111	'B'	b	01111100
'4'	4	01100110	'C'	C	00111001
'5'	5	01101101	'D'	d	01011110
'6'	6	01111101	'E'	E	01111001
'7'	7	00000111	'F'	F	01110001

五、参考程序

```
        ……
        Seg7  DB    3FH, 06H,
        5BH, 4FH, 66H, 6DH,
        7DH, 07H, 7FH, 67H, 77H,
        7CH, 39H, 5EH, 79H, 71H
        ……
        LEA   BX, Seg7
        MOV   AH, 0
GO:     IN    AL, 0F1H
        AND   AL, 0FH
        MOV   SI, AX
        MOV   AL, [BX+SI]
        OUT   0F0H, AL
        JMP   GO
```

实验三 中断的应用

一、实验目的

通过实验熟悉中断,掌握 8259 的初始化及编程过程,了解 8259 的几个命令字及其初始化顺序,掌握中断向量相关概念。

二、实验内容

1. 8259 连接(硬件)。
2. 编写初始化程序:
(1) 8259 初始化;
(2) 设置中断向量表。
3. 编写中断处理程序。

三、硬件连接

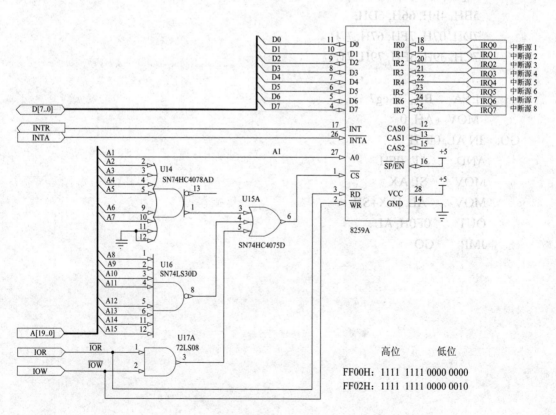

四、实验流程

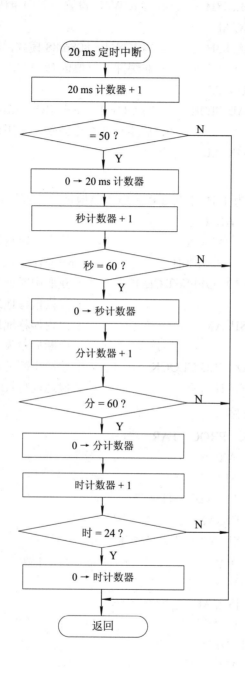

五、参考程序

1. 初始化 8259

```
SET59A:   MOV DX, 0FF00H    ;8259 的地址 A0=0
          MOV AL, 13H       ;写 ICW1，边沿触发，单片，需要 ICW4
          OUT DX, AL
          MOV DX, 0FF02H    ;8259 地址 A0=1
```

```
        MOV AL, 48H          ;写 ICW2，设置中断向量码
        OUT DX, AL
        MOV AL, 03H          ;写 ICW4，8086/88 模式，自动 EOI，
                             ;非缓冲，一般嵌套
        OUT   DX, AL
        MOV AL, 0E0H         ;写 OCW1，屏蔽 IR5、IR6、IR7
                             ;(假定这 3 个中断输入未用)
        OUT   DX, AL
```

2. 设置中断向量表

中断向量码初始化为 48H，中断处理程序入口地址的标号为 CLOCK，设置中断向量表：

```
INTITB: MOV    AX, 0
        MOV    DS, AX             ;将内存段设置在最低端
        MOV    SI, 0120H          ;n=48H, 4×n=120H
        MOV    AX, OFFSET CLOCK   ;获取中断处理程序首地址
                                  ;段内偏移地址
        MOV    [SI], AX           ;段内偏移地址写入
                                  ;中断向量表 4×n 地址处
        MOV AX, SEG CLOCK         ;获取中断处理程序首地址之段地址
        MOV    [SI+2], AX         ;段地址写入中断向量表 4×n+2 地址处
```

3. 编写中断处理程序

```
        CLOCK   PROC    FAR
        PUSH    AX
        PUSH    SI
        MOV     AX, SEG   TIMER
        MOV     DS, AX
        MOV     SI, OFFSET   TIMER
        MOV     AL,[SI]            ;取 50 次计数
        INC     AL
        MOV     [SI], AL
        CMP     AL, 50             ;判断 1 s 到否？
        JNE     TRNED
        MOV     AL, 0
        MOV     [SI], AL
        MOV     AL, [SI+1]         ;取 60 s 计数
        ADD     AL, 1
        DAA                        ;压缩十进制调整
        MOV     [SI+1], AL
        CMP     AL, 60H            ;判断 1 min 到否？
```

```
            JNE    TRNED
            MOV    AL, 0
            MOV    [SI+1], AL
            MOV    AL, [SI+2]        ; 取 60 min 计数
            ADD    AL, 1
            DAA
            MOV    [SI+2], AL
            CMP    AL, 60H           ; 判断 1 h 到否?
            JNE    TRNED
            MOV    AL, 0
            MOV    [SI+2], AL
            MOV    AL, [SI+3]        ; 取小时计数
            ADD    AL, 1
            DAA
            MOV    [SI+3], AL
            CMP    AL, 24H           ; 判 24 h 到否
            JNE    TRNED
            MOV    AL, 0
            MOV    [SI+3], AL
TRNED:      POP    SI
            POP    AX
            STI
            IRET
            ENDP
```

第五部分 拓展性实验

实验一 8255 应用——打印机

一、实验目的

掌握 8255 的特点及应用方式,掌握 8255 的工作方式,通过本次实验对两种工作方式(查询及中断)有一定的了解。

二、实验内容

为了实现与打印机对接,A 组、B 组均工作于方式 0,初始化 A 口为输出,C 口的高四位为输出,低四位为输入,B 口未用(假设为输入)。

三、硬件连接及时序(查询方式)

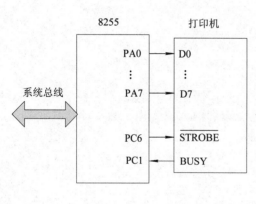
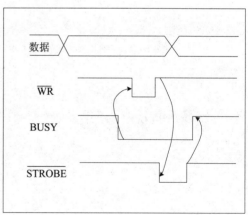

四、参考程序(查询方式)

初始化程序:
  MOV DX, 0FF83H
  MOV AL, 10000011B
  OUT DX, AL
  MOV AL, 00001101B
  OUT DX, AL
           ;打印 CL 中的内容
LPST: MOV DX, 0FF82H
  IN AL, DX   ;读 C 口状态字
  AND AL, 02H   ;检测 PC1(BUSY)是否为零。

```
        JNZ    LPST              ;打印机忙，等待
        MOV    DX, 0FF80H
        MOV    AL, CL            ;打印字符送给 8255
        OUT    DX, AL
        MOV    DX, 0FF83H
        MOV    AL, 0CH           ;PC6 清零
        OUT    DX, AL
        INC    AL
        OUT    DX, AL            ;PC6 置位(送 STROBE 脉冲)
        JMP    LPST
```

五、硬件连接(中断方式)

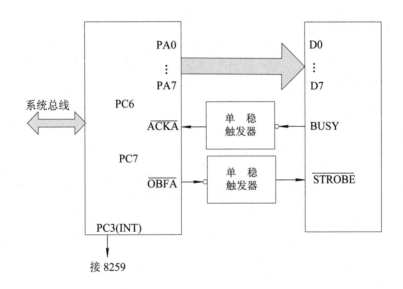

六、参考程序(中断方式)

初始化程序：

```
        MOV    DX, 0FF83H        ;方式控制字端口
        MOV    AL, 10100000B     ;设工作方式
        OUT    DX, AL
        MOV    AL, 00001101B     ;PC6=1，开 A 口输出中断
        OUT    DX, AL
        STI                      ;系统开中断
```

中断服务程序：

```
        INTSERV  PROC  FAR
            PUSH AX               ;保护现场
```

```
        PUSH DX
        STI
        MOV AL, BUFS            ；取打印字符
        MOV    DX, 0FF80H
        OUT DX, AL              ；送打印字符
        CLI                     ；关中断
        POP DX                  ；恢复现场
        POP AX
        STI
        IRET
        INTSERV ENDP
```

实验二 8255 应用——A/D 转换

一、实验目的

通过实验对 A/D 转换的原理及其启动方式等有一定的了解。

二、实验内容

某 A/D 变换器的引线图及工作时序图如下图所示,将此 A/D 变换器与 8255 连接,编写包括 8255 初始化程序在内的,A/D 变换器变换一次数据并将数据放入内存 BUF 单元的程序。

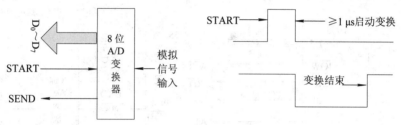

三、硬件连接(查询方式)

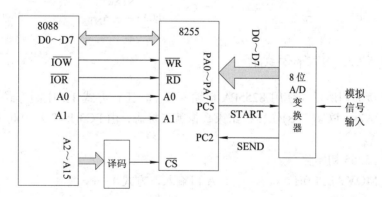

四、参考程序(查询方式)

系统连接如图所示,使用 8255PA 口输入数据,工作方式 0,查询方式 I/O,PC5 作启动转换脉冲,PC2 作转换结束状态标志。设 8255 端口地址 40H～43H,程序如下:

```
; 8255 初始化
    MOV AL, 91H         ; A 口输入,方式 0
    OUT 43H, AL         ; C 口低 4 位输入
    MOV AL, 0AH         ; C 口位操作控制
    OUT 43H, AL         ; PC5 置 0
```

```
                                ; 启动转换程序
        MOV AL, 0BH             ; PC5 置 1, 启动脉冲
        OUT 43H, AL
        NOP
        NOP                     ; 延时
        MOV AL, 0AH             ; 启动脉冲后沿
RQ:     IN AL, 42H              ; 读 C 口
        TEST AL, 04H            ; 测试转换状态
        JZ   RQ                 ; 转换中, 等待
        IN AL, 40H              ; 读 A 口转换结果
        MOV BUF, AL             ; 存放转换结果
```

五、硬件连接(中断方式)

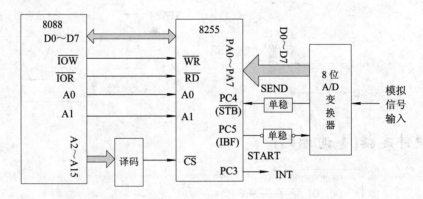

六、参考程序(中断方式)

系统连接如图所示,使用 8255PA 口输入数据,工作方式 1,中断方式 I/O,PC5(IBF)作启动转换脉冲,PC4(STB)作转换结束数据就绪标志,由 PC3(INT)发中断请求。端口地址 40H～43H。

```
        ; 8255 初始化
        MOV AL, B0H             ; A 口输入, 方式 1
        OUT 43H, AL
        MOV AL, 09H             ; C 口位操作控制
        OUT 43H, AL             ; PC4 置 1, 开 A 口中断
        MOV AL, 0BH
        OUT 43H, AL
        MOV AL 0AH              ; PC5 置 0, 启动脉冲
        OUT 43H, AL             ; 中断服务程序
        INTER   PROC   FAR
        PUSH AX
```

```
STI
IN AL, 40H            ；读 A 口转换结果
MOV BUF, AL           ；存放转换结果
CLI
POP AX
IRET
INTR    ENDP
```

实验三 8255 综合应用

一、实验目的

对 8255 进行综合应用,从宏观层面对整个应用系统进行设计,熟悉硬件电路的原理性设计。

二、实验内容

8086CPU 通过 8255 实施监控。8255 端口地址为 1020H-1023H,启动操作由端口 B 的 PB7 控制(高电平有效),端口 A 输入 8 个监控点的状态(每个引脚接一个监控点),只要其中任一路出现异常情况(高电平),系统就通过与 PC0 相连的信号灯报警(高电平灯亮),要求信号灯亮灭 3 次。要求:

(1) 设计系统线路图,要求用 138 译码器设计译码电路。
(2) 编写 8255 初始化程序及启动、测试和报警控制程序。

三、硬件原理

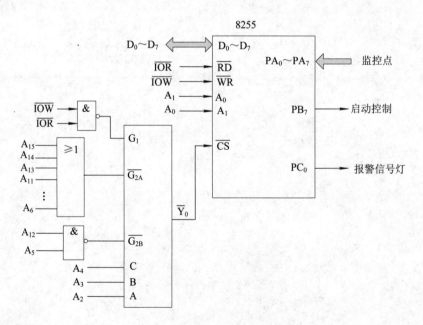

四、参考程序

```
MOV DX, 1023H
MOV AL, 1001X000B
OUT DX, AL
MOV AL, 0
```

```
        OUT DX, AL
        MOV DX, 1021H
        MOV AL, 80H
        OUT DX, AL
A:      MOV DX, 1020H
        IN AL, DX
        CMP AL, 0
        JZ A
        MOV CX, 3
        MOV DX, 1022H
        MOV AL, 1
B:      OUT DX, AL
        INC AL
        CALL   DELAY
        MOV AL, 0
        LOOP   B
        JMP    A
```

实验四　8253 应用——定时器设计

一、实验目的

通过实验掌握 8253 定时器的应用及其六种工作方式,掌握初始化过程及初始值的计算方法。

二、实验内容

1. 采用 8253 作定时/计数器,其接口地址为 0120H～0123H。
2. 输入 8253 的时钟频率为 2MH。要求:
(1) CNT0 每 10ms 输出一个 CLK 周期宽的负脉冲;
(2) CNT1 输出 10kHz 的连续方波信号;
(3) CNT2 在定时 5ms 后输出高电平。
3. 画线路连接图,并编写初始化程序。

三、硬件连接

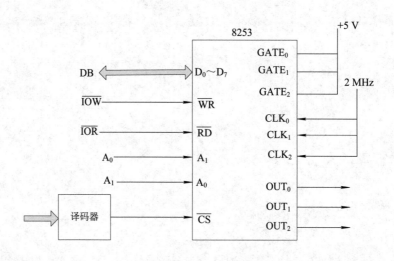

四、参考程序

计算计数初值:
  CNT0: 10 ms / 0.5 μs = 20000
  CNT1: 2 MHz / 10 kHz = 200
  CNT2:　5 ms / 0.5 μs = 10000

确定控制字：
  CNT0：方式 2，16 位计数值
  CNT1：方式 3，低 8 位计数值
  CNT2：方式 0，16 位计数值
CNT0:
  MOV DX, 0123H
  MOV AL, 34H
  OUT DX, AL
  MOV DX, 0120H
  MOV AX, 20000
  OUT DX, AL
  MOV AL, AH
  OUT DX, AL

CNT1:
  ……

CNT2:
  ……

实验五　8253 应用——安全检测和报警控制系统

一、实验目的

通过实验掌握 8253 定时器的应用及其六种工作方式，掌握初始化过程及初始值的计算方法。

二、实验内容

初始状态下，D 触发器的 Q 端输出低电平；

系统通过三态门循环读取检测器状态，有异常出现时，检测器输出高电平。此时在 D 触发器的 Q 端输出高电平，启动 8253 计数器的通道 0 输出 100 Hz 的连续方波信号，使报警灯闪烁，直到有任意键按下时停止。

使计数器停止输出方波的方法是在 Q 端输出低电平。CLK0 的输入脉冲为 2 MHz。要求：
(1) 设计 8253 的译码电路；
(2) 编写 8253 计数器的初始化程序及实现上述功能的控制程序。

三、硬件连接

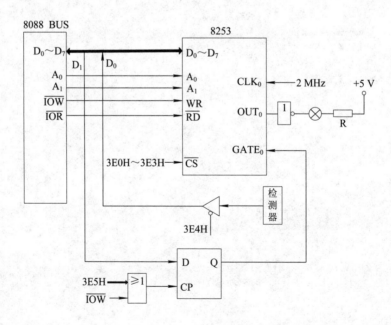

四、参考程序

8253 地址范围：
  0011 1110 0000～0011 1110 0011

译码电路：

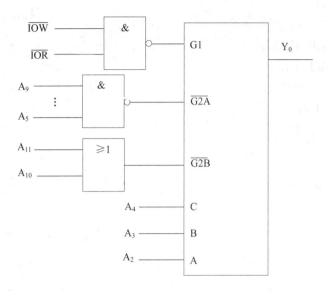

8253 计数初值：
2 MHz/100 Hz = 20000
8253 工作方式：
方式 3
8253 初始化程序：
  MOV DX, 3E3H
  MOV AL, 00110110
  OUT DX, AL
  MOV DX, 3E0H
  MOV AX, 20000
  OUT DX, AL
  MOV AL, AH
  OUT DX, AL
控制程序
  XOR AL, AL
  MOV DX, 3E5H
  OUT DX, AL
  MOV DX, 3E4H
NEXT: IN AL, DX
  AND AL, 01H
  JZ NEXT
  MOV DX, 3E5H
  MOV AL, 2
  OUT DX, AL
GOON: MOV AH, 1

```
INT 16H
JZ   GOON
XOR AL, AL
OUT DX, AL
MOV AH, 4C
INT 21H
```

第六部分　补充练习

1. 如图 1 所示为 8255 与打印机接口连接电路示意图，8255 端口地址为 80H～83H，采用查询方式实现 CPU 与打印机的数据传送。假设要传送的数据在内存单元 BUF 开始的连续 1000 个单元存放。

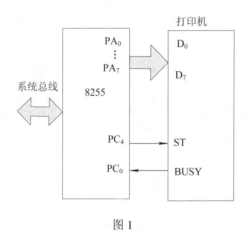

图 1

2. 如图 2 所示要求编写程序使 PB 口 K_0～K_3 开关按下，对应 PA 口的 L_0～L_3 灯亮。PA 口的接口地址为 2F0H。

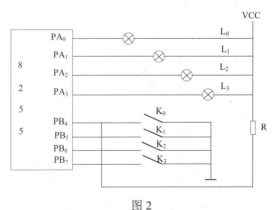

图 2

3. 设外设为一硬币兑换器，其端口地址如下：状态端口 46H、数据输入端口 45H、数据输出端口 47H。编写查询方式工作程序，当状态端口 $D_2=1$ 时表示有纸币输入，此时可从数据输入端口读出纸币代码：01H 为 1 元纸币，02H 为 2 元纸币，05H 为 5 元纸币，0AH 为 10 元纸币。当状态端口 $D_3=1$ 后，把应兑换的 5 角硬币数从数据输出端口输出。

4. 某终端以 2400 波特率发送串行数据，假设发送字符有 7 个数据位，1 个校验位和一个停止位，画出发送字符 'a' 的波形，计算发送一个字符需要的时间。终端每秒钟发送多少个字符？

5. 16550 端口地址为 3F0H 和 3F7H，7 个数据位，1 个奇校验位，一个停止位。允许 FIFO 缓冲，采用中断方式发送和接收数据，相关条件自行设定，试编写 16550 初始化程序以及相应中断服务程序。

附录 DEBUG 调试程序的应用

DEBUG.EXE 程序是专门为分析、研制和开发汇编语言程序而设计的一种调试工具，具有跟踪程序执行、观察中间运行结果、显示和修改寄存器或存储单元内容等多种功能。它能使程序设计人员或用户触及到机器内部，因此可以说它是 80x86CPU 的心灵窗口，也是我们学习汇编语言必须掌握的调试工具。

DEBUG 命令是在命令提示符 "–" 下由键盘键入的。每条命令以单个字母的命令符开头，然后是命令的操作参数，操作参数与操作参数之间用空格或逗号隔开，操作参数与命令符之间用空格隔开，命令的结束符是回车键(ENTER)。命令及参数的输入可以是大小写的结合。Ctrl+C 键可中止命令的执行。Ctrl+NumLock 键可暂停屏幕卷动，按任意键继续。所用的操作数均为十六进制数，不必写 H。

1. 直接启动 DEBUG 程序

如 DEBUG.COM 在 E 盘的 ASM 目录下，启动的方法是：

  E:\ASM>DEBUG [回车]

这时屏幕上会出现 "–" 提示符，等待键入 DEBUG 命令。

2. 启动 DEBUG 程序的同时装入被调试文件

命令格式如下：

  E:\ASM>DEBUG [d:][PATH]filename[.EXE]

其中，[d:][PATH] 是被调试文件所在盘及其路径，filename 是被调试文件的文件名，[.EXE]是被调试文件的扩展名。例如：CZ.EXE 可执行文件在 A 盘，用 DEBUG 对其进行调试的操作命令如下：

  E:\ASM>DEBUG A:\CZ.EXE [回车]

DOS 在调用 DEBUG 程序后，再由 DEBUG 把被调试文件装入内存。如果 CZ.EXE 可执行文件在 E 盘 ASM 目录下，进入 DEBUG 程序并装入要调试的程序 CZ.EXE，可键入命令：

  E:\ASM>DEBUG CZ.EXE [回车]

该命令表示进入 DEBUG，并装入 CZ.EXE，此时，屏幕上出现 "–" 提示符，等待键入 DEBUG 命令。

3. 常用的 DEBUG 命令

关于 DEBUG 程序中的各种命令，可参阅 DOS 手册，下面给出最常用的几个命令。

1) 反汇编命令 u

格式1：

u [起始地址]

格式2：

　　u [起始地址] [结束地址]

格式3：

　　u

功能：反汇编命令是将机器指令翻译成符号形式的汇编语言指令。该命令将指定范围内的代码以汇编语句形式显示，同时显示地址及代码。注意，反汇编时一定要先确认指令的起始地址，否则将得不到正确结果。地址及范围的缺省值是上次 U 指令后下一地址的值。这样可以连续反汇编。

格式1：从指定起始地址处开始将 32 个字节的目标代码转换成汇编指令形式，缺省起始地址，则从当前地址 CS:IP 开始，如附图 1 所示。

　　-u 0

```
-u 0
13C5:0000 B8C413        MOV     AX,13C4
13C5:0003 8ED8          MOV     DS,AX
13C5:0005 B8C813        MOV     AX,13C8
13C5:0008 8ED0          MOV     SS,AX
13C5:000A BC0A00        MOV     SP,000A
13C5:000D A00000        MOV     AL,[0000]
13C5:0010 8AE0          MOV     AH,AL
13C5:0012 24F0          AND     AL,F0
13C5:0014 B104          MOV     CL,04
13C5:0016 D2C0          ROL     AL,CL
13C5:0018 A20100        MOV     [0001],AL
13C5:001B 80E40F        AND     AH,0F
13C5:001E 88260200      MOV     [0002],AH
```

附图 1　用 u 命令反汇编程序

格式2：将指定范围的内存单元中的目标代码转换成汇编指令，如附图 2 所示。

　　-u 08 24

```
C:\>debug e:\asm\cz.exe
-u 08 24
13C5:0008 8ED0          MOV     SS,AX
13C5:000A BC0A00        MOV     SP,000A
13C5:000D A00000        MOV     AL,[0000]
13C5:0010 8AE0          MOV     AH,AL
13C5:0012 24F0          AND     AL,F0
13C5:0014 B104          MOV     CL,04
13C5:0016 D2C0          ROL     AL,CL
13C5:0018 A20100        MOV     [0001],AL
13C5:001B 80E40F        AND     AH,0F
13C5:001E 88260200      MOV     [0002],AH
13C5:0022 B44C          MOV     AH,4C
13C5:0024 CD21          INT     21
```

附图 2　用 u 命令反汇编程序

格式3：从当前地址开始反汇编，如附图3所示。
　　-u

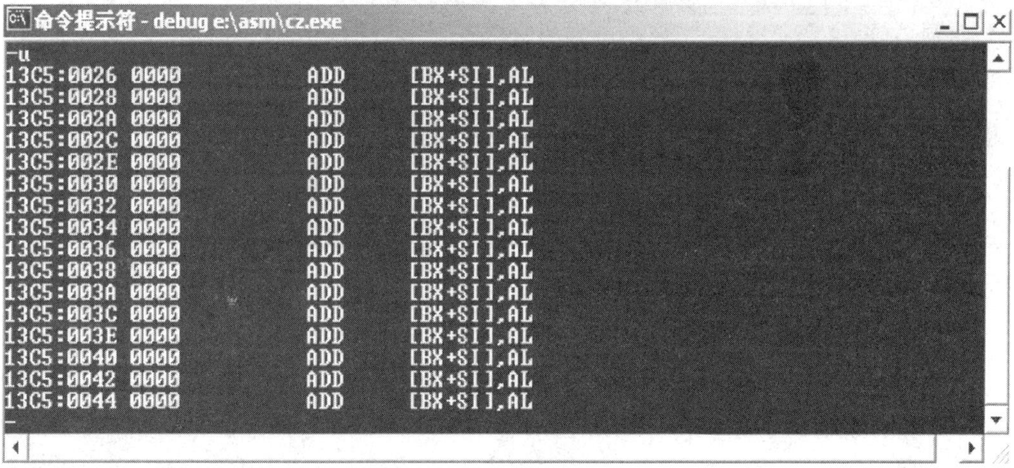

附图3　用u命令反汇编程序

2) 汇编命令 a

格式1：
　　a [起始地址]

格式2：
　　a　　　　　　　　；每输入完一条指令，用回车键来确认

功能：将输入源程序的指令汇编成目标代码并从指定地址单元开始存放。若缺省起始地址，则从当前CS：100 (段地址：偏移地址)地址开始存放。a命令是按行进行汇编，主要是用于小段程序的汇编或对目标程序的修改，具有检查错误的功能。如有错误，用^Error提示。然后重新输入正确命令即可。

注：DEBUG 的 a 命令中数字部分输入的默认格式是十六进制。如输入 10，对于计算机而言，就是 10H。另外 a 命令不支持标识符的输入。只能用准确的段地址：偏移地址来设置跳转的位置。

格式 1 中指定了开始输入汇编指令的地址，则从指定地址处开始输入指令，如附图 4 所示。

附图4　带起始地址的 a 命令

格式 2 中没有指定起始地址，则系统默认从当前代码段 CS：100H 地址开始输入汇编指令，若前面使用过 a 命令，则接着上次 a 命令之后的地址开始。如附图 5 所示。

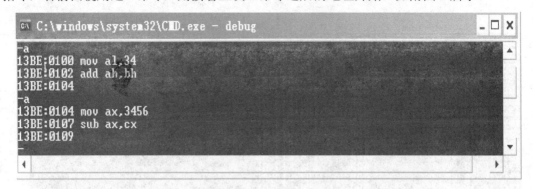

附图 5　不指定起始地址的 a 命令

3) 显示存储单元命令 d

用于显示内存单元的内容，有三种使用格式：

格式 1：

　　d

格式 2：

　　d [起始地址]

格式 3：

　　d [起始地址] [结束地址]

其中，显示内存内容分三部分：左边是地址部分，表示此行的首地址(段地址：偏移量)；中间是以两位十六进制数字表示指定范围的存储单元的内容；右边是与十六进制数相对应字节的 ASCII 码字符，不可显示的字符以圆点(.)表示。

格式 1 命令中没有指定地址，则从上一个 d 命令所显示的最后一个单元的下一个单元开始，显示 80H(128)字节。若以前没有使用过 d 命令，则从 DEBUG 初始化时的段和偏移量的地址开始，如附图 6 所示。

　　-d

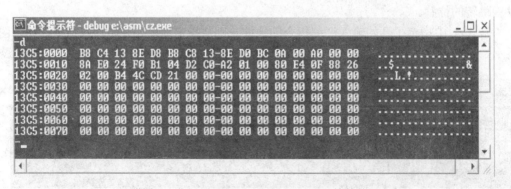

附图 6　进入 DEBUG，显示 13C50H 开始的单元内容

格式 2 命令中指定了地址，则从指定地址开始，显示 80H(128)字节，如附图 7 所示。

　　-d 13c4:0

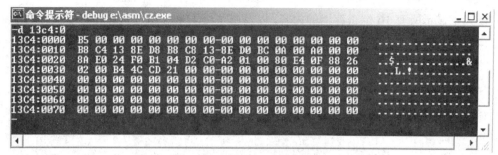

附图7 进入DEBUG，显示13C40H开始的单元内容

格式3命令中指定了地址范围，则显示该范围内内存单元的内容。

在范围中包含起始地址和结束地址。若输入的起始地址中未含段地址部分，则d命令认为段地址在DS中。输入的结束地址中只允许有偏移量，如附图8所示。

-d 13c4:00 0f

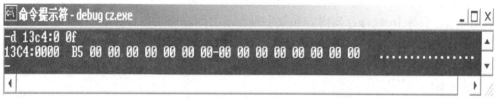

附图8 用d命令显示13C40H～13C4fH单元内容

4）显示、修改寄存器命令r

格式1：

r

格式2：

r <寄存器名>

格式3：

r f

功能：若给出寄存器名，则显示该寄存器的内容并可进行修改。缺省寄存器名，则显示当前所有寄存器内容、状态标志及将要执行的下一条指令的地址(即CS:IP)、机器指令代码及汇编语句形式。其中对状态标志寄存器FLAG以状态标志位的形式显示，详见附表1。

附表1 状态标志显示形式

标志名	置位	复位
溢出 Overflow(YES/NO)	OV	NV
方向 Direction(减量/增量)	DN	UP
中断(允许/屏蔽)	EI	DI
符号(负/正)	NG	PL
零 Zero(Yes/No)	ZR	NZ
辅助进位 Auxiliary Carry(Yes/No)	AC	NA
奇偶 Parity(奇/偶)	PE	PO
进位 Carry(Yes/No)	CY	NC

格式 1 显示所有 16 位寄存器的内容，以及用字母表示标志位状态和将要执行的下条指令，如附图 9 所示。

　　-r

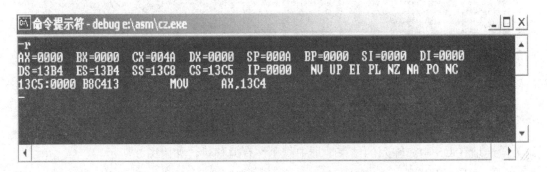

附图 9　用 r 命令观察所有寄存器的值

前两行显示各 16 位寄存器内容和双字母表示的标志位状态。最后一行指示将要执行的下条指令的地址和指令码及其反汇编格式。这是由 CS:IP 指示的指令。

格式 2 显示单个 16 位寄存器的内容，并可进行修改，如附图 10 所示。

　　-r ax

屏幕显示：

　　AX 0000

　　：

附图 10　用 r 命令观察 AX 寄存器的值

如不需要修改，则按 Enter 键。如需要修改，则在冒号(：)后输入两个字节的 16 进制数，再按 Enter 键。

又如：

　　-r cx

　　CX 004A

　　:0018

　　-r cx

　　CX 0018

　　:004A

-r cx

CX 004A

:

将寄存器 CX 内容从 004A 改为 0018，又改回 004A，如附图 11 所示。

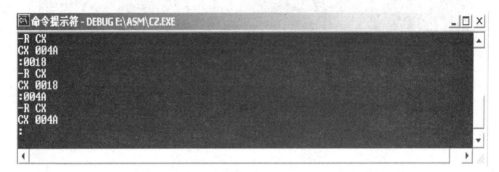

附图 11　用 r 命令修改 CX 寄存器的值

格式 3　显示 8 个标志位状态，并可修改其中之一或全部，如附图 12 所示。

  -r f

屏幕显示：

  NV UP EI PL NZ NA PO NC -DI

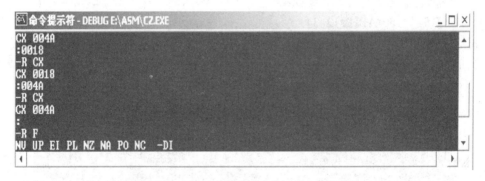

附图 12　用 r 命令观察 f 标志寄存器的值

若不需要修改任何标志位，则直接按 Enter 键。若需要修改标志，则可输入标志的相反值，且与输入标志的顺序无关，标志间也可不用空格，最后按 Enter 键。

又如：

  -rf

  NV UP EI PL NZ NA PO NC -di

  -rf

  NV UP DI PL NZ NA PO NC -ei

  -rf

  NV UP EI PL NZ NA PO NC -

标志位 EI 改为 DI，后又改为 EI，如附图 13 所示。

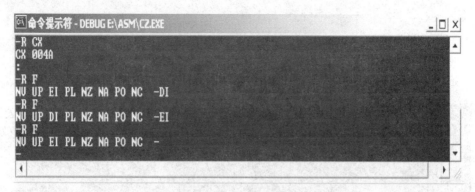

附图13　用 r 命令修改 f 标志寄存器的值

5) 修改存储单元命令 e

格式1：

    e [起始地址] [内容表]

格式2：

    e [地址]

功能：

格式 1 按内容表的内容修改从起始地址开始的多个存储单元内容，即用内容表指定的内容来代替存储单元当前内容。例如：

    -e DS：0100 'ABC', 12, 34

表示从 DS:0100 为起始单元的连续五个字节单元内容依次被修改为 'A'、'B'、'C'、12H、34H，如附图 14 所示。

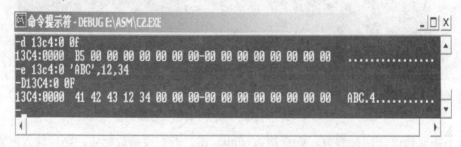

附图14　用 e 命令修改单元内容并用 d 命令观察

格式 2 是逐个修改指定地址单元的当前内容，如附图 15 所示。如：

    -e DS: 0000

    13C4: 0000 41.B5

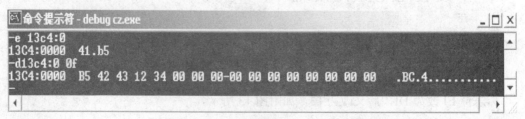

附图15　用 e 命令修改单元内容并用 d 命令观察

其中 13C4:0000 单元原来的值是 41H，B5H 为输入的修改值。若只修改一个单元的内容，这时按回车键即可；若还想继续修改下一个单元内容，此时应按空格键，就显示下一个单元的内容，需修改就键入新的内容，不修改再按空格跳过，如此重复直到修改完毕，按回车键返回 DEBUG "-" 提示符。如果在修改过程中，将空格键换成按 "-" 键，则表示可以修改前一个单元的内容。

6) 跟踪命令 t

格式：

  t [=<地址>][<条数>]

功能：如果键入 t 命令后直接按 "ENTER" 键，则默认从 CS:IP 开始执行程序，且每执行一条指令后要停下来，显示所有寄存器、状态标志位的内容和下一条要执行的指令。用户也可以指定程序开始执行的起始地址。<条数>的缺省值是一条，也可以由<条数>指定执行若干条命令后停下来。

例如：

  t

按单条指令跟踪。该命令执行当前指令并显示所有寄存器、状态标志位的内容和下一条要执行的指令，如附图 16 所示。

  -t

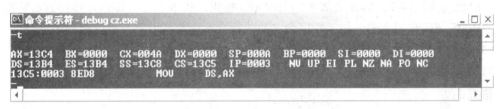

附图 16 用 t 命令单条执行指令

又例如：

  t 3

按多条指令跟踪。由跟踪命令产生连续显示，一直执行到 n 条指令为止。因此，在执行多条跟踪指令时，可以在任何时候按 Ctrl+Numlock 或 Pause 键暂停显示滚动。当需要继续跟踪显示时，再按任意其他字符键又可快速显示滚动，如附图 17 所示。

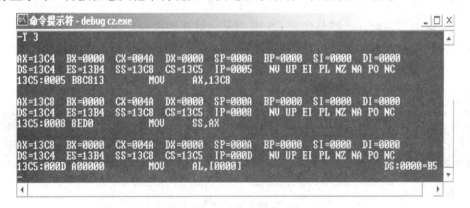

附图 17 用 t 命令执行 3 条指令

-t = 0 3

该命令从偏移地址为 0 的指令开始执行 3 条指令后停下来，显示所有寄存器、状态标志位的内容和下一条要执行的指令，如附图 18 所示。

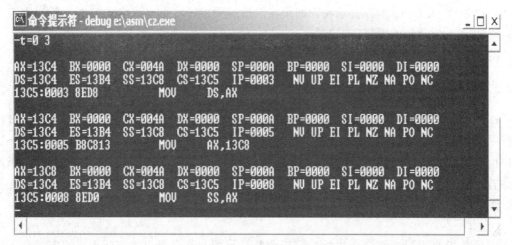

附图 18　用 t 命令执行从起始地址为 0 开始的 3 条指令

t 命令的缺点是当程序中有 DOS 或 BIOS 中断调用时，它将跟踪到中断服务程序的内部，有时出现死机现象，因此高版本的 DEBUG 提供一种 p 命令，即程序步跟踪，它遇到 DOS，BIOS 或用户调用的一段子程序会立即执行，不进入其内部，所以称程序步。

t 命令用于程序调试，能跟踪程序执行情况，迅速找出错误原因。

7) 连续执行命令 g

格式 1：

　　g

格式 2：

　　g = <地址>

格式 3：

　　g = <地址>，<断点>

其中(2)、(3)中的"="是不可缺省的。

功能：

格式 1 缺省起始地址，则从当前 CS:IP 指示地址开始执行。

格式 2 程序从当前的指定偏移地址开始执行，没有断点的运行，如附图 19 所示。

　　-g = 0

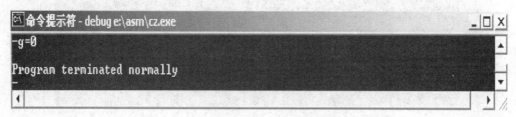

附图 19　用 g 命令执行程序

当每次用不同的地址去检查程序的执行情况时，这种选择是有用的。如果不使用[=adress]参数，则在发出 g 命令之前，必须将 CS:IP 的值先设置正确。

当程序执行完毕，DEBUG 显示信息"program terminated normally"(程序正常结束)。若还要执行此程序，则必须重新将程序输入。命令中的地址参数所指的单元，要保证包含有效的指令码，若指定的地址单元不包含有效指令的第一个字节，将会产生死机现象。

格式 3 从指定地址开始执行，到断点自动停止并显示当前所有寄存器、状态标志位的内容和下一条要执行的指令。一般希望在执行过程中能设置断点。运行遇到断点时，就停止执行，并显示各寄存器和各标志位的内容，以及下一条要执行的指令。这便于对程序逐段进行调试，如附图 20 所示。

  -g = 0 0a

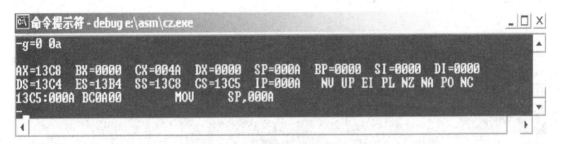

附图 20　用 g 命令执行到断点 0a 处自动停止

在 CS：0a 处设了断点，程序运行到此停止。

在调试程序时，往往要设置断点。若输入的断点地址只包含地址的偏移量，则 g 命令认为其段地址隐含在段寄存器 CS 中。

8) 执行过程命令 p

格式：

  p

功能：执行一条指令或一个过程(子程序)，然后显示各寄存器的状态。

说明：该命令主要用于调试程序。它与跟踪命令 t 的作用类似，t 命令是跟踪一条或多条指令，而 p 命令是执行一条指令(包括带重复前缀的数据串操作指令)或一个完整的过程(子程序)。

例如：设有如下指令序列：

  MOV AH，4CH

  INT 21H

当要执行 INT 21H 这条指令时，若用 t 命令进行跟踪，则进入 INT 21H 程序(DOS 功能调用)后，需要数十次 t 命令才能返回当前程序；若采用 p 命令进行调试，则只执行 INT 21H 一条指令，执行完立即返回，给调试者的感觉好像是执行了一条普通指令一样。因此，当读者以后遇到 CALL、INT n 指令或带重复前缀的数据串操作指令时，若不想观察相应过程的详细执行过程，就可以用 p 命令，如附图 21 所示。

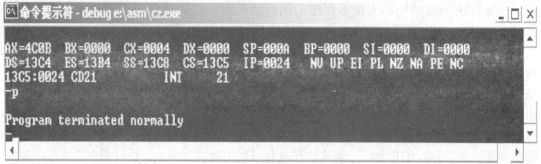

附图 21　用 p 命令调试程序

9) 退出 DEBUG

在 DEBUG 命令提示符 "-" 下键入 q 命令，即可结束 DEBUG 的运行，返回 DOS 操作系统，如附图 22 所示。

格式：

　　q

功能：退出 DEBUG，返回到操作系统。

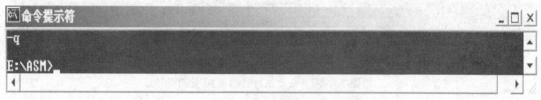

附图 22　用 q 命令退出 DEBUG

以上介绍的是 DEBUG 常用命令，其他命令请参考有关书籍。